BULLETIN N° 123

DE LA DÉCORATION EXTÉRIEURE DES LIVRES

ET DE L'HISTOIRE DE LA RELIURE

DEPUIS LE XVme SIÈCLE

PAR M. ALFRED CARTIER

Décembre 1885

DE LA
DÉCORATION EXTÉRIEURE DES LIVRES
ET DE
L'HISTOIRE DE LA RELIURE
DEPUIS LE XVme SIÈCLE

PAR
M. Alfred CARTIER

Les pages qui vont suivre n'étaient point destinées à l'impression. Ce sont de simples notes, lues à la Section des Arts décoratifs de la Société des Arts de Genève et nous n'aurions même pas songé à leur donner une publicité plus étendue, si la bienveillance de quelques amis n'en avait décidé autrement [1]. Ce sera notre excuse vis-à-vis des bibliophiles qui prendront la peine de parcourir cet essai, s'ils n'y trou-

[1] Nous tenons à exprimer ici notre gratitude au comité de la Classe d'Industrie de la Société des Arts qui nous a facilité de toute manière la publication de cet essai. C'est, en particulier, à l'infatigable obligeance de M. C.-M. Briquet que nous devons de pouvoir joindre à notre texte les planches indispensables à un travail de ce genre.

11

vent pas ce que son titre leur en avait peut-être fait espérer.

Nous ne prétendons, d'ailleurs, nullement épuiser un sujet aussi étendu et aussi complexe; notre but est simplement d'esquisser les traits principaux de l'histoire de la décoration extérieure du livre, puis de chercher les enseignements que la reliure moderne doit tirer de l'étude de ses origines et de la connaissance de son passé. Il nous sera plus facile, en effet, grâce à cet examen rétrospectif, de parvenir à distinguer dans cette branche particulière de l'ornementation, le vrai du faux, le bon goût du mauvais et nous arriverons à reconnaître ainsi la voie qu'elle doit suivre pour demeurer fidèle à elle-même, à ses meilleures traditions et aux conditions essentielles de l'art.

Enfin et surtout, nous essaierons de montrer que la reliure est intimement liée au développement de l'art en général, en ce sens qu'elle reproduit exactement les types décoratifs en usage à la même époque et chez le même peuple dans les autres manifestations du domaine artistique. Il en résulte, que pour la France particulièrement, l'histoire de la décoration extérieure des livres est, en même temps, celle des styles et qu'une collection de reliures depuis François Ier jusqu'à nos jours, formerait un tableau en miniature, mais un tableau achevé de l'art français, et en reproduirait fidèlement les grandeurs comme les défaillances. La reliure est donc, on peut le dire, une sorte d'instrument enregistreur d'une parfaite exactitude, à l'aide duquel il est aisé de suivre l'histoire des variations, voire même des caprices du goût depuis l'époque de la Renaissance.

Quelques mots d'abord des procédés mêmes de l'art du relieur ; ces détails techniques, malgré leur apparente aridité, forment le complément indispensable de cette étude et permettront d'en mieux suivre le développement historique.

Lorsque l'ouvrier reçoit un livre broché, son premier soin est de défaire la couture sommaire des feuillets. Il les replie ensuite de manière à donner aux marges une parfaite rectitude, puis il procède au *battage*, qui s'exécute sur une pierre à grain fin, au moyen d'un marteau lourd et d'une forme particulière. L'ouvrier divise le volume par cahiers qu'il bat séparément, en ayant soin de laisser le marteau tomber bien d'aplomb sur le papier. Cette opération, assez simple en apparence, demande, en réalité, beaucoup de pratique, d'autant plus qu'elle a une grande importance pour la réussite de la reliure. Le battage doit, en effet, donner d'avance au livre la forme qu'il gardera plus tard une fois terminé, c'est-à-dire amincir les bords et laisser au centre plus d'épaisseur. Cependant beaucoup de relieurs ont abandonné cette vieille et excellente méthode pour la remplacer par le laminage, procédé infiniment plus expéditif mais inintelligent parce qu'il réduit le volume à l'état de bloc lourd et informe. Il est vrai que la plupart des livres modernes, imprimés sur papier trop glacé, cassant et dé-

pourvu de l'élasticité souple et résistante des beaux
hollande d'autrefois ne se prêtent guère au battage
et ne sauraient qu'en pâtir. A ce propos, que l'on nous
permette un conseil. Il n'est personne pratiquant un
peu les livres, qui n'ait eu l'occasion de constater les
effets du maculage, cette vilaine chose qui déprécie
irrémédiablement un volume et provient de ce qu'il a
été trop tôt confié au relieur, avant que l'encre d'imprimerie ait eu le temps de sécher complétement. Le
délai nécessaire pour cela varie beaucoup suivant la
nature du papier. Le chine, par exemple, sèche in-
stantanément, mais ne faites pas relier vos livres sur
papier vélin avant une année et ceux sur hollande
avant quatre ou cinq ans. Il vous faudra un peu de
patience, sans doute, mais vous vous en trouverez
bien et vous éviterez ainsi des expériences et des dé-
couvertes désagréables.

Le livre une fois battu, on le coud en fixant chaque
cahier à des ficelles tendues sur une sorte de métier
et qui doivent demeurer extérieures au dos du volume. C'est ce qu'on appelle la couture *sur nerfs*,
c'est la seule bonne et la seule généralement employée
jusqu'à la fin du XVIIIme siècle. Mais alors s'intro-
duisit la déplorable méthode de *grecquer*, laquelle est
maintenant d'un usage à peu près général, du moins
dans la fabrication courante, parce qu'elle constitue
un procédé infiniment plus expéditif et plus facile. Le
grecquage consiste à faire sur le dos du volume, au
moyen d'une scie à dents très fines, des entailles dans

lesquelles viennent s'insérer les nerfs. Ces traits de
scie rendent l'opération aisée, parce que l'ouvrier
trouve les trous déjà préparés pour y passer l'aiguille
et que l'alignement des cahiers est immanquable pour
peu que le trait de scie ait été donné régulièrement;
mais toutes ces facilités de main-d'œuvre s'achètent
aux dépens des marges intérieures du volume, de son
élégance et de son élasticité.

Du reste, il est inutile de se faire le Jérémie de la
couture sur nerfs. Ce que nous venons d'en dire n'est
que pour acquit de conscience et le grecquage n'en
continuera pas moins à être universellement pratiqué.
Il demande trois ou quatre fois moins de temps et
une habileté de main tout à fait ordinaire, en sorte
qu'il répond bien à ce caractère de notre époque qui
s'inquiète assez peu des qualités du fond pourvu que
l'objet ait l'apparence et le bon marché. Aussi, la
couture sur nerfs n'est-elle plus en usage que chez
quelques relieurs artistes de Paris, travaillant à des
prix de fantaisie pour des amateurs exigeants et difficiles mais payant sans marchander.

Une fois le livre cousu, on procède aux opérations
de l'*endossure* : on passe d'abord le dos à la colle,
on l'arrondit par un tour de main et au moyen d'un
étau, on forme *le mors*, c'est-à-dire les rainures dans
lesquelles viendront s'adapter les cartons destinés à
former les *plats*. Ceux-ci doivent être coupés avec grand
soin, et dans des dimensions suffisantes pour dépasser
le volume de 5^{mm} environ ; ces saillies s'appellent les

chasses, et les extrémités des nerfs ayant servi à la couture sont passées à travers le carton, puis collées dans leur portion effilée et aplatie.

L'endossure terminée, il faut encore rogner le volume au moyen d'une machine spéciale, faire la tranche, dorée, marbrée ou jaspée en usant pour cela de procédés et de tours de main qu'il serait trop long de décrire ici, placer la pièce de carton indispensable pour consolider le dos, fixer la peau, le vélin ou la toile qui doit servir de couverture, enfin poser les *gardes*, c'est-à-dire la feuille double de papier appelée à couvrir le plat intérieur et à protéger en même temps les premières pages du volume.

A propos de couverture, on sait que les peaux employées par les relieurs sont de plusieurs sortes : le *maroquin* d'abord, ou peau de chèvre, la plus belle et la plus chère; le *cuir de Russie*, peau de phoque dont l'odeur bien connue provient du bois de santal qui entre dans la préparation; le *chagrin*, peau d'âne ou de mulet; le *veau* dont les teintes les plus employées sont le veau fauve et le veau brun, puis certaines variétés tombées en désuétude de nos jours, mais que le XVIIIme siècle savait admirablement réussir au moyen d'ingrédients chimiques fort simples et de quelques tours de main : le veau écaille, le veau marbré, le veau porphyre, le veau jaspé. Enfin la *basane* ou peau de mouton préparée et teinte; c'est la plus commune et la moins chère de toutes.

Relier un livre tant bien que mal, mais plutôt mal

que bien, est une besogne qui ne présente rien de particulièrement difficile. En revanche, on ne se rend généralement pas compte de ce qu'il faut de temps, de conscience, de pratique et d'adresse pour exécuter une bonne reliure. Ce que l'on doit avant tout lui demander, c'est de s'ouvrir facilement et de se refermer de même, sans produire ces entrebâillements de feuillets si disgracieux et si fréquents. Il est nécessaire aussi que les plats de la couverture viennent s'appliquer exactement sur les gardes ; enfin ces mêmes plats doivent présenter cette cambrure, c'est-à-dire cette convexité sans laquelle une reliure ne sera jamais parfaite, parce que ce tour de main, obtenu par la tension de la peau et des gardes sur les cartons, peut seul maintenir le volume hermétiquement clos et lui donner une forme élégante et dégagée. Toutes ces qualités ne s'obtiennent que par un battage intelligent, une couture soignée faite sur nerfs, une grande habileté dans l'endossure, et une exactitude mathématique dans la confection et l'ajustage des cartons.

Telles sont les opérations de la reliure proprement dite ; celles de la dorure ne sont ni moins délicates ni moins compliquées et comme l'a dit très justement un des premiers doreurs parisiens de ce temps, M. Marius Michel, une reliure ne peut être considérée comme un objet d'art que si elle a été décorée d'une composition savante ou ingénieuse exécutée par une main habile. On y procède, soit au moyen de poinçons gravés appelés encore des *fers*, bien qu'on les façonne actuellement en cuivre, soit au moyen de *roulettes* pour les filets et pour les ornements à dessin continu appelés dentelles. Ces fers s'appliquent à chaud sur les parties à décorer, recouvertes préalablement d'une feuille d'or dont la fixité est assurée par une couche de blanc d'œuf, et sur lesquelles le dessin a été tracé d'avance par la pression des fers. L'application achevée, on enlève avec du coton tout l'or qui dépasse la place où le fer a été *poussé*, comme disent les doreurs, et l'on polit ou vernit la peau suivant sa nature.

Ces mêmes fers et ces filets s'emploient également sans or ; ils donnent alors naissance au genre d'ornementation improprement nommé *à froid*, car l'impression durable ne peut s'en obtenir qu'en chauffant le métal. C'est donc tout simplement un procédé de gaufrage.

On peut comprendre quelle sûreté de main exige le maniement des fers et quelles difficultés il présente. Aussi le doreur doit-il être un artiste véritable, posséder un assortiment complet de fers gravés, connaître les styles de chaque époque, enfin être guidé par un goût sûr et, dans la composition de ses motifs, savoir réunir la sobriété à l'élégance.

Nous ne remonterons pas au déluge pour prendre la reliure à ses origines. Bornons-nous à constater qu'on trouve dès le VIIᵐᵉ siècle de notre ère des manuscrits présentant l'apparence actuelle de nos livres. La couverture destinée à les protéger a d'abord été une boîte, et c'est de cette forme qu'est résultée celle à laquelle nous sommes habitués maintenant.

Il faut remarquer, du reste, qu'au moyen âge la reliure est intimement liée à la broderie sur étoffes et surtout à l'orfévrerie. On avait alors l'habitude de garnir les couvertures des manuscrits de plaques en métal, soit en cuivre ciselé, soit en fer découpé à jour, soit même en métaux précieux et souvent enrichies d'émaux et de pierres fines (Pl. I). Quant aux étoffes, on employait surtout le drap d'or et d'argent et le velours brodé ou frappé.

En outre, des fermoirs ou des attaches font toujours partie intégrante et nécessaire des reliures de cette époque. En effet, les manuscrits étant, pour la plupart, sur peau de vélin, il fallait s'opposer, non seulement par le poids de la couverture mais encore par la pression de griffes métalliques, à la tendance de cette matière à se boursoufler sous les influences atmosphériques et, par conséquent, à déjeter la reliure elle-même.

Ce luxe du moyen âge dans la couverture des livres, ces précautions pour les protéger n'ont d'ailleurs rien d'étonnant si l'on se rappelle quel prix on y attachait avant l'invention de l'imprimerie : il en était qui, à eux seuls, eussent payé la rançon d'un roi. Ce motif disparut lorsque l'invention de Gutenberg eut multiplié les livres et en eut considérablement abaissé la valeur.

Il résulte de ce qui précède que la décoration de la reliure dans ce qui constitue son caractère essentiel, c'est-à-dire *l'impression en or ou à froid de*

Pl. I.

XVme siècle. — Reliure en cuir frappé à froid avec garnitures en métal.

motifs d'ornement, sur une couverture propre à la recevoir, n'existe pour ainsi dire pas avant la propagation de l'imprimerie. La connexion de ces deux arts est si réelle que la reliure, dans cette première période, emprunte à la typographie, à ses culs-de-lampe, fleurons et têtes de chapitres, ses éléments décoratifs, et c'est seulement plus tard, alors que la Renaissance est dans son plein, que la reliure s'affranchit de cette tutelle et se montre entièrement libre dans le choix de ses motifs.

C'est, par conséquent, vers le milieu du XVme siècle, date de l'invention de l'imprimerie, que la reliure se développe et devient une des branches importantes de l'art décoratif.

Les productions de cette époque portent bien le cachet de leur siècle : quelque chose de robuste et de fort, d'un peu massif mais non sans attrait, comme tout ce qui a du caractère. Des ais de bois recouverts de peau de truie, de veau ou de parchemin en forment la base. Quant au décor, il consiste dans la reproduction de sujets sacrés ou profanes, souvent d'une assez grande dimension et de motifs d'ornement qui se répètent en bandes parallèles sur la couverture. Les procédés employés sont le *gaufrage*, c'est-à-dire l'impression à chaud de fers ou de plaques gravées, et l'*estampage*, obtenu sur le cuir humide à l'aide de la main ou de la presse, quelquefois avec des planches sur bois.

Les reliures de ce genre sont encore très fréquentes

au XVIᵐᵉ siècle, surtout pour les grands formats, et se rencontrent particulièrement en Allemagne, contrée à laquelle on doit rapporter le mérite de l'invention du gaufrage (Pl. II).

Mais voici l'épanouissement de la Renaissance avec le premier quart du XVIᵐᵉ siècle. A cette heure unique, l'Italie trouve l'expression suprême de la beauté et dans un élan splendide, porte les arts plastiques à des hauteurs qu'ils n'atteindront plus dès lors.

La reliure ne fait pas exception à ce merveilleux ensemble. Les formats portatifs de l'in-8 et de l'in-16 qui, au commencement du XVIᵐᵉ siècle et grâce surtout à l'initiative d'Alde l'ancien, l'illustre typographe de Venise, remplacent les lourds in-folio et les in-quarto massifs, appellent une reliure plus légère et plus élégante. Venise est alors le grand marché des livres en Italie et même en Europe, aussi ses ateliers de reliure prennent-ils, par là-même, une importance de premier ordre. Renonçant aux ais de bois qui n'ont plus de raison d'être, les ouvriers vénitiens les remplacent par de simples cartons, bien suffisants pour protéger des volumes de dimensions restreintes, les recouvrent de veau ou de maroquin et obtiennent ainsi une surface qu'utilisera le doreur pour exécuter les motifs d'ornement les plus variés dans cet incomparable style de la Renaissance qui sut trouver le secret d'unir la force à la grâce, la richesse du détail à l'harmonie de l'ensemble. Ce sont tantôt des entrelacs de filets relevés de fleurons aux angles

Pl. II.

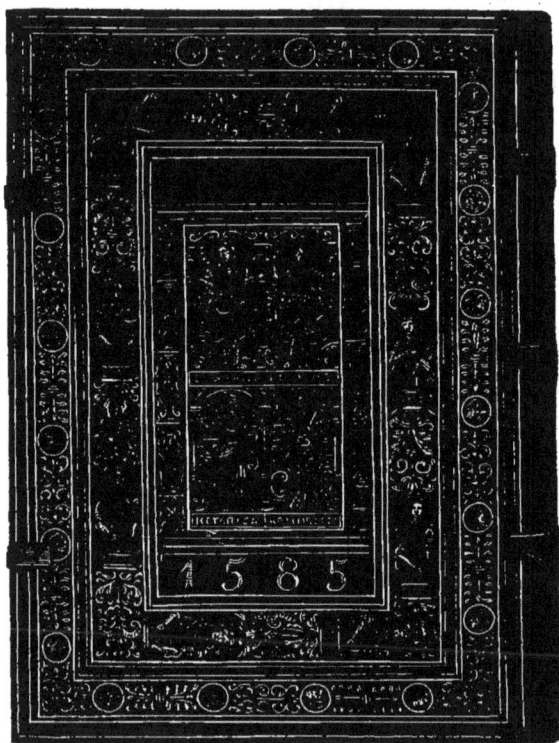

XVIme siècle.

Reliure allemande en peau de truie
estampée.

et dans le milieu des plats [1], tantôt des compartiments peints de couleurs variées.

C'est surtout le moment de l'apparition de ces admirables reliures *à mosaïque* où l'artiste, découpant son
dessin sur le fond même du maroquin, y incruste des
listels en cuir de diverses couleurs qui forment des
entrelacs d'une richesse d'invention inépuisable et d'un
style magistral, produisant ainsi des compartiments
où vient s'épanouir, pour rompre l'austérité de la
ligne, toute une végétation de fleurs découpées, de
feuillages et de rinceaux [2].

N'oublions pas également de mentionner la grande
extension que prend au XVIme siècle l'impression de
plaques gravées au milieu et sur les coins du volume.
Ce procédé, beaucoup plus expéditif que la dorure à
petits fers, se pratiquait en grand dans les ateliers et
constitue ce qu'on a appelé la *reliure industrielle,* par
opposition à la *reliure artistique.* Elle n'a pas naturellement la finesse, la légèreté, le cachet personnel
de la dorure à petits fers, mais elle n'en produit pas
moins des effets très heureux lorsque les ornements
sont bien choisis (Pl. IV).

Il n'est pas possible de citer un seul des relieurs
italiens de cette époque; le temps n'a pas respecté
les noms de ces obscurs mais admirables artistes; en

[1] Voyez Pl. III.

[2] La planche VIII, reproduction d'une reliure exécutée pour
Henri II, donnera une idée de ce genre de décoration. Voy. également les Pl. III et VI.

171

Pl. III.

XVIme siécle.
Reliure italienne exécutée pour Demetrio Canevari.

Pl. IV.

XVIme siècle.
Reliure industrielle.

revanche, leurs productions, ornées des armes et des devises des bibliophiles grands seigneurs pour lesquels ils ont travaillé, sont encore là, du moins en partie, pour attester à nos yeux le goût et les nobles loisirs des Maioli, des Trivulce, des Canevari[1], d'un Pie V, d'un Léon X, d'un Cosme de Médicis, de tant d'autres enfin dont la moindre épave recueillie de leurs bibliothèques, a plus de prix pour un amateur que tout le bruit que ces hauts personnages ont pu faire dans le monde.

Cependant, il faut le reconnaître, la reliure est un art vraiment, nous dirons même presque exclusivement français. Elle a sans doute un moment d'éclat en Italie, mais c'est un beau jour sans lendemain. Avant tout, en effet, la décoration du livre demande un goût sûr, la sobriété, le sentiment de la mesure, unis à une habileté de main consommée, or ce sont là les qualités maîtresses du génie artistique français. La Renaissance italienne sert à la France d'initiatrice et de guide, l'aide à sortir au XVIme siècle des limbes du moyen âge où elle se débattait sans parvenir à cette pleine possession du beau dont elle avait le pressentiment, mais cette tâche remplie, la vieille terre de Saturne semble elle-même épuisée, tandis que la France relevant le flambeau de l'art, va marcher désormais dans les voies qui lui sont ouvertes et marquer toutes ses œuvres du sceau de son propre génie.

[1] Voyez Pl. III.

Pl. V.

XVIme siècle.

Reliure française exécutée pour Grolier.

C'est par un lyonnais, trésorier du roi François Ier à Milan, que la France a principalement reçu, en ce qui concerne la reliure, l'initiation qui lui était nécessaire. Jean Grolier, seigneur vicomte d'Aguisy, trésorier de France, né en 1479, mort en 1565, fut le plus célèbre des collectionneurs du XVIme siècle. Il rechercha avec une ardeur égale les monnaies et les médailles, les antiquités et les livres précieux. Sa bibliothèque, admirablement choisie, se composait de plus de 3000 volumes, nombre considérable pour l'époque, et la plupart somptueusement reliés. Grolier avait pris en Italie le goût des dorures à filets, rinceaux et fleurons, des ornements en mosaïque surtout, mais il y ajouta un sentiment de l'art personnel et des plus délicats, de telle sorte que ses reliures, presque toutes exécutées d'après ses dessins et sous ses yeux, font de lui sans conteste le prince des bibliophiles passés et présents, pour ne rien dire des futurs (Pl. V).

Ainsi, dès l'abord, la France est hors de pair ; ses amateurs et ses artistes impriment immédiatement à leurs reliures un cachet de sobre élégance, une légèreté et un fini dans l'exécution, un je ne sais quoi enfin qui est le propre de l'art français et le distingue, même des plus brillantes productions de l'Italie (Pl. VI).

Les imitateurs de Grolier furent nombreux de son temps. Alors que l'amour des belles choses semble être comme l'apanage de la naissance, les grands

Pl. VI.

XVIme siècle.

Reliure française aux armes du cardinal de Tournon.

amateurs s'appellent Anne de Montmorency, Artus
Gouffier, Guise, Louis de Sainte-Maure, le Président J.-A. de Thou[1]. Et puis, au-dessus d'eux tous,
il y a cette race des Valois, à laquelle la France peut
adresser de graves reproches, mais qui ne lui en a
pas moins donné ses seuls rois véritablement artistes.
C'est François Ier d'abord qui, passionné pour les
beaux livres et les manuscrits précieux, les fait recouvrir de reliures imitées des Italiens ou de Grolier;
l'emblème de la Salamandre frappé sur le dos ou sur
les plats fait reconnaître à première vue leur royale
provenance. C'est Henri II surtout qui, sous l'inspi-
ration de Diane de Poitiers, fait exécuter par ses relieurs parisiens des chefs-d'œuvre où l'art français se
montre pour la première fois décidément original,
bien que toujours fidèle aux grandes leçons qu'il avait
puisées aux sources italiennes[2]. Leur décor consiste
généralement en motifs à la Grolier, heureusement
variés par des détails nouveaux d'ornementation et
par les emblèmes célèbres du croissant, de l'arc et du
carquois, éloquents symboles qui permettent de suivre
dans tous les domaines de l'art, la trace lumineuse de
la duchesse de Valentinois. Grande figure, après tout,
et qui domine son époque par la portée de son esprit
non moins que par le rayonnement de sa beauté sans
rivale. Avec son culte pour le beau dans toutes ses
manifestations, ses allures généreuses, son goût si fin

[1] Voyez Pl. VII.
[2] Voyez Pl. VIII.

Pl. VII.

XVIme siècle.

Reliure française aux armes de J.-A. de Thou.

Pl. VIII.

XVIme siècle. — Reliure française exécutée pour Henri II et Diane de Poitiers.

et si pur de femme de grande race, elle est comme la vivante incarnation de la Renaissance française ; il y a peut-être des taches dans sa vie, mais l'art les couvre de son manteau splendide et rien ne prévaudra contre son verdict souverain. Au souvenir de Diane de Poitiers, demeure attaché l'impérissable honneur d'avoir compris, protégé et employé un Jean Goujon, un Philibert Delorme, un Jean Penicaud, un Bernard Palissy. Et maintenant, par un juste retour, ce sont ces maîtres de l'art qui, non contents d'avoir immortalisé les traits de leur protectrice dans des œuvres admirables ou d'avoir bâti pour elle ce palais enchanté, merveille du XVIme siècle qui s'appela le château d'Anet, défendent aujourd'hui sa mémoire et plaident victorieusement sa cause devant le tribunal de la postérité.

Ce goût des livres, inné chez les Valois, se retrouve encore, quoique avec un moindre éclat et des reliures plus modestes, chez François II, Charles IX et Henri III. D'ailleurs ils avaient de qui tenir, car leur mère, la grande Catherine, par ses instincts d'artiste et de lettrée, n'était pas indigne du nom des Médicis.

Et les princesses ! Comment ne pas accorder au moins un souvenir à ces Marguerites, figures charmantes qui attirent et séduisent par leur contraste avec les drames et les violences de leur terrible famille. La première d'abord, la sœur bien-aimée de François Ier, cette reine de Navarre protectrice de tous les talents, refuge de tous les persécutés, cette

Marguerite des Princesses, comme l'appelèrent, par une allusion au sens latin de son nom, les poètes de son temps qui la chantèrent à l'envi, poète elle-même et dans son *Heptameron,* l'un des maîtres de la prose française. Si elle aima les livres, il n'est pas besoin de le dire, et l'on comprend que le moindre volume relié pour elle, souvenir de tant de nobles qualités, de gloire et de génie, soit devenu une relique dont on se dispute aujourd'hui la possession comme un trésor.

Puis, c'est Marguerite de France, nièce favorite de la reine de Navarre. Elle tenait de son père François Ier le culte de l'art, et les lettres lui conserveront toujours un reconnaissant souvenir de son admiration pour le grand Ronsard qu'elle protégea dès le début et dont elle sut deviner le génie. Plus tard, devenue duchesse de Savoie, elle fit de sa cour de Turin un centre intellectuel dont la mémoire est restée.

C'est Marguerite de Valois, enfin[1], cette première et peu fidèle épouse du Béarnais, cette rieuse, volage et séduisante reine Margot dont la chronique scandaleuse a trop parlé pour le bien de son honneur, mais qui semble avoir été créée tout exprès pour la plus grande commodité des faiseurs de romans et pour la plus grande joie de leurs lecteurs. Elle eût mérité mieux cependant que d'être née d'une Catherine de Médicis et puis, nous ne sommes pas chargés de juger à cette place au nom de la morale et de

[1] Voir Pl. IX.

l'histoire; nous avons le droit d'être indulgents pour celle qui fut la grâce même et nous espérons qu'il lui sera beaucoup pardonné, parce qu'elle a beaucoup aimé... les beaux livres et les belles reliures.

La fin du XVIme siècle et les premières années du XVIIme sont plutôt, on le sait, une période de décadence pour l'art architectural et décoratif. L'entente de la composition, l'élégance et la sobriété des lignes, l'harmonie des proportions, la rigoureuse sujétion des parties à l'ensemble, toutes ces qualités maîtresses qui sont l'essence même de l'esthétique de la Renaissance, vont, peu à peu, s'affaiblir et dégénérer par la surcharge des détails. La reliure, toutefois, par une exception remarquable, ne se laisse pas entraîner par le courant; les modifications qu'elle subit alors dans sa partie décorative ne sont que le résultat des efforts heureux de l'artiste à la recherche de formes nouvelles et non la conséquence de la lassitude d'un art épuisé.

Pour la première fois aussi, on peut personnifier ce changement et citer des noms avec attribution d'œuvres certaines. Une famille de relieurs, les ÈVE, apparaît à ce moment et nous a laissé, dans les volumes qu'elle a exécutés pour Henri IV et Marguerite de Valois, des témoignages accomplis du sentiment de l'art et de l'habileté de main qui la distinguent. Abandonnant la mosaïque dont on avait à peu près épuisé toutes les combinaisons, les Ève, sans renoncer aux compartiments, se contentent de les indiquer par

un double ou triple filet, puis, au lieu de faire cou-
rir comme les relieurs de Grolier, dans les compartiments ainsi formés, un réseau de tiges fleuries
reliées dans un seul motif, ils les garnissent d'ornements à petits fers représentant des volutes de feuil-
lage, des branches de laurier, des palmes. Ce décor,
d'une grande richesse de détail, n'en demeure pas
moins d'un style très pur, exempt de surcharge et
digne des plus belles traditions de la Renaissance
(Pl. IX).

Les Ève et leurs imitateurs nous conduisent à travers le règne de Henri IV et la régence de Marie de
Médicis, jusqu'à Louis XIII. C'est ici que se place le
célèbre LE GASCON dont le nom est à retenir et qui
mérite une mention spéciale : un talent décoratif
aussi original que fertile et varié, une habileté et
une netteté dans la dorure demeurées sans rivales,
assurent à cet admirable artiste la première place
dans les annales de la reliure. Tout en conservant
les compartiments de filets employés par les Ève ses
prédécesseurs, il remplace les feuillages par une
ornementation au pointillé composée de fleurons et
de volutes. C'est avec cet assortiment assez simple
qu'il exécute les compositions les plus variées et les
plus heureuses. Ce n'est plus, si l'on veut, la sève
large et puissante de la Renaissance, mais c'est un
art infiniment gracieux, et dans ces dorures, dites
aux mille points, on ne sait ce que l'on doit le plus
admirer, de la richesse et en même temps de la

Pl. IX.

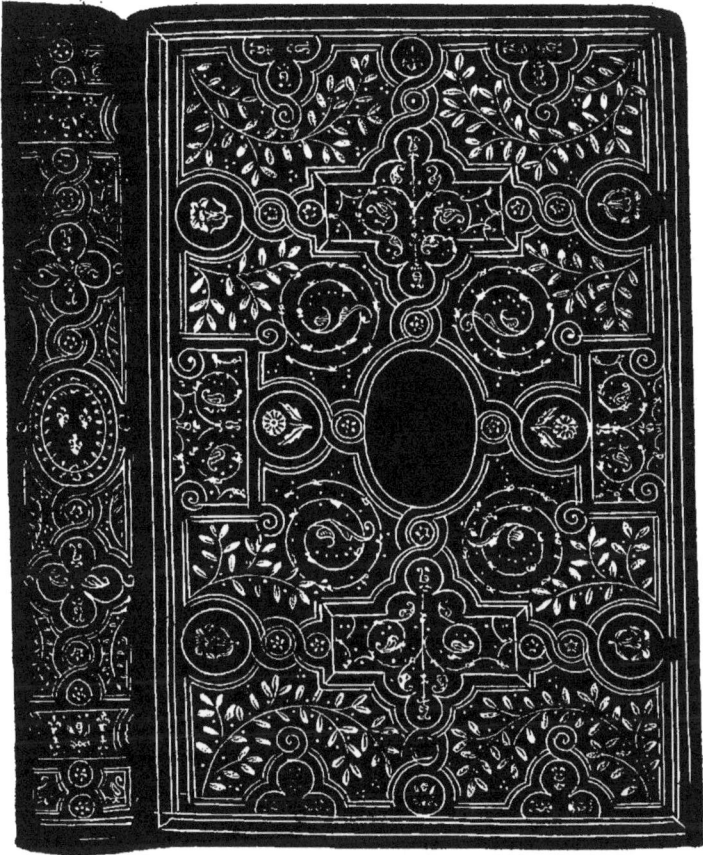

Fin du XVIme siècle.

Reliure de Clovis Ève exécutée pour Marguerite de Valois.

légèreté de l'ensemble, du goût qui a inspiré le dessin, ou de la prodigieuse sûreté de main dont témoignent ces chefs-d'œuvre (Pl. X).

Du reste, si Le Gascon est porté aux nues de nos jours, il ne fut point méconnu de son vivant et les belles reliures qu'il a exécutées pour Louis XIII et pour Anne d'Autriche (Pl. XI), celles vraiment merveilleuses qui portent les armes du cardinal Mazarin, sont là pour attester que sa renommée commença de son vivant.

Louis XIV a pu être un grand roi, mais artiste, guère, et bibliophile, pas du tout. Aussi les reliures frappées à ses armes sont-elles peu nombreuses et n'offrent rien de particulièrement remarquable. Son époque n'en a pas moins imprimé un cachet très spécial au style des arts industriels, et celui qui nous occupe n'y a pas échappé plus que les autres. On pressent quel sera le genre imposé. Les légères et riches fantaisies de Le Gascon ne sont plus suffisamment nobles et majestueuses pour le grand siècle emperruqué; de même que les allées de Versailles s'alignent dans un ordre superbe mais un peu monotone, de même la reliure va prendre la ligne droite pour sa norme et ne plus sortir, pendant toute la durée du règne, d'un correct alignement.

Aussi c'est l'époque de la large dentelle obtenue par la répétition des mêmes motifs sur les quatre côtés des plats, pendant que sur le dos, entre chaque nervure, s'étale un fleuron dans le goût du temps,

Pl. X.

XVIIme siècle.

Reliure au pointillé de Le Gascon.

Pl. XI.

XVIIme siècle.

Reliure de Le Gascon aux chiffres de Louis XIII
et d'Anne d'Autriche.

appuyé de coins de même[1]. Cette dorure luxueuse sur
les plats du volume est, du reste, l'exception ; elle se
remplace le plus souvent par de simples filets d'or :
c'est là l'ornementation qui convient éminemment aux
écrivains du grand siècle, celle qui, par sa pureté, sa
correction et sa sobriété répond bien à leur style ;
c'est en un mot la reliure de La Bruyère et de Bossuet, de Racine et de Boileau ; comme eux, elle mérite
le nom de classique.

Fers de la fin du XVIIme siècle.

Enfin, il ne faut pas oublier de mentionner l'apparition du célèbre genre de reliure dit *janséniste*, du
nom de ceux qui en eurent les premiers l'idée ; un
maroquin noir ou très foncé, pas de dorure sauf la
tranche, tout au plus un filet mat, tels en sont les
caractères distinctifs. — C'est l'habillement obligé
des œuvres de Pascal, d'Arnaud, de la traduction
du Nouveau Testament de Le Maistre de Sacy, bref
des illustres solitaires qui ont immortalisé le nom de
Port-Royal.

Ce qu'il importe aussi de signaler tout particulièrement, c'est la supériorité incontestable des relieurs

[1] Voyez ci-dessus.

de cette époque dans ce qu'on appelle *le corps d'ou-vrage*, c'est-à-dire la facture et la main-d'œuvre. Ils n'ont pas de rivaux avant eux sur ce terrain et n'en ont guère rencontré depuis, si ce n'est dans notre école moderne. Celle-ci, du reste, n'est parvenue à égaler le XVIIme siècle, qu'en étudiant ses procédés et en lui demandant ses secrets.

Deux noms personnifient la reliure à la fin du XVIIme et au commencement du XVIIIme siècle : ce sont BOYET et DU SEUIL, le premier, ouvrier incompa-rable, le second, véritable artiste et inimitable dans la dentelle à petits fers ; l'originalité de son talent est d'ailleurs suffisamment attestée par ses splendides reliures dites *à l'éventail* et par l'emploi du genre de décoration à filets et compartiments qui porte encore son nom. D'ailleurs, chez l'un comme chez l'autre, la beauté de l'ouvrage et sa solidité, l'emploi intelligent de l'ornementation, tout cela constitue un ensemble parfait qui excitera toujours la joie des connaisseurs et le désespoir des gens du métier. Aussi la frénésie des bibliophiles pour les volumes sortis des mains de ces deux maîtres a-t-elle pris, depuis quelques années, des proportions fantastiques et l'on voit leurs reliures en maroquin, doublées de même à l'intérieur, exécu-tées pour le baron de Longepierre par exemple, le comte d'Hoym, le plus célèbre des amateurs de cette époque, et surtout pour madame de Chamillard, la femme du ministre favori de Louis XIV, payées cou-ramment de 5 à 7000 fr. sur la table des enchères.

Nous voici à la Régence. La France trop longtemps comprimée par un roi despote, vieilli et bigot,
prend sa revanche. Elle s'émancipe jusqu'à la folie
et l'art reflète fidèlement cette nouvelle évolution.
Le Régent, artiste lui-même et homme de goût, donne
l'exemple et c'est plaisir de voir succéder dans cette
époque de transition, au style pompeux de Louis XIV,
celui qui sera le caprice et la fantaisie même et s'ap-
pellera le style Louis XV. Art exquis dont les repré-
sentants ont eu le génie de la décoration et le sens
de tous les raffinements du goût et qui, après avoir
été conspué dans la première moitié de notre siècle
par les admirateurs des grandes machines de l'école
de David et de ce qu'on a si bien appelé « le genre
pompier, » a vu notre temps, dans son éclectisme
mieux inspiré, s'éprendre de sa grâce légère et lui
rendre une tardive justice.

Dans cette transformation, la reliure ne manque
pas, comme nous l'avons toujours vu jusqu'ici, de se
conformer exactement au style de son époque et d'en
suivre les moindres variations.

Le régent, qui aimait les belles reliures, eut la bonne
fortune de pouvoir les faire exécuter par un des plus
habiles artistes qui aient honoré cet art, ou plutôt
par une famille d'artistes qui a exercé pendant une
grande partie du XVIIIme siècle : ce sont les PADE-
LOUP comme un peu plus tard apparaissent les
DEROME, les relieurs de Louis XV, encore très méri-
tants mais moins artistes peut-être et qui nous con-

duisent jusqu'à Louis XVI, aux derniers jours de la monarchie française.

L'ensemble des ouvrages de reliure que nous a laissés le XVIIIme siècle présente, du reste, de si grandes analogies de style qu'il est assez difficile d'établir des périodes et des genres un peu marqués; c'est plutôt une série de nuances dans la facture et la décoration qui indiquent, il est vrai, une décadence nettement caractérisée à mesure que l'on approche de la fin du siècle, mais enfin ce ne sont guère que des nuances dans le détail desquelles les bornes de cette étude ne nous permettent pas d'entrer.

D'une manière générale, le grand principe de décoration dans la reliure au XVIIIme siècle, c'est la dentelle extérieure inaugurée par le XVIIme; elle répond bien par sa richesse, aux goûts de luxe et d'élégance de l'époque. Cette dentelle, très large, se compose de motifs dans lesquels la chicorée et la rocaille jouent naturellement un grand rôle. Elle caractérise particulièrement le règne de Louis XV et c'est dans ce genre que Derome a exécuté pour madame de Pompadour entre autres, des ouvrages remarquables (Pl. XII).

Vers le dernier tiers du siècle, lorsque apparaît le style Louis XVI, c'est l'acanthe qui devient l'élément type de l'ornementation, aussi la retrouve-t-on en dentelles à rinceaux continus d'un effet très riche, dans les fers des relieurs de cette époque.

Le dos lui-même se dégage des ornements un peu

Pl. XII.

XVIIIme siècle.

Reliure de Derome aux armes de la marquise de Pompadour.

lourds dont l'avait chargé le dix-septième siècle ; on les remplace par une fleur ou un emblême, une lyre par exemple, soutenue aux angles par un fer de coin dans le style de l'époque.

Mais ce qui donne au XVIIIme siècle une place à part dans l'histoire de la reliure, c'est la renaissance de la mosaïque qui, depuis Le Gascon, avait presque entièrement disparu. Aujourd'hui, les ouvrages de ce genre exécutés par les Padeloup et les Derome, sont le dernier mot de la haute curiosité, l'objet des ardentes convoitises de la plupart des bibliophiles. Aussi les successeurs actuels des fermiers-généraux de l'ancien régime, devenus comme eux amateurs convaincus par la grâce du billet de banque, s'arrachent-ils avec fureur ces merveilleux phénix et c'est bien à leur occasion que l'on peut répéter ce mot d'un bibliomane : « chacun d'eux me coûte une ferme en Beauce. » Il n'y a donc pas lieu de s'étonner que l'exemplaire du roman de *Daphnis et Chloé*, en édition dite *du Régent* et relié en mosaïque pour ce prince, ait été payé, il y a quelques années, le beau prix de dix-huit mille francs. — Il faut en convenir cependant, malgré la vogue dont elles sont aujourd'hui l'objet, ces célèbres mosaïques ne valent pas le bruit qu'elles font et ne méritent guère la place qu'elles occupent dans ce petit monde à part que les bibliophiles se sont créé à leur usage et dans lequel, plus encore qu'ailleurs, règne la mode. Ces ouvrages tant vantés sont intéressants et fort rares, cela est

vrai, mais la conception générale de leur ornementation est souvent assez pauvre et il y aurait beaucoup
à reprendre dans l'exécution elle-même et la dorure.
Ils se relèvent, sans doute, par les tons harmonieux
du maroquin dont les différentes couleurs se sont fon-
dues avec le temps en demi-teintes exquises, mais
comme on est loin de la magistrale ordonnance, de la
grâce puissante des reliures à mosaïque du XVIme
siècle !

Avec la Révolution disparaît l'ère de la belle et
bonne reliure, ou plutôt disparaît la reliure elle-même,
emportée comme le reste par la tourmente. Alors que
la Terreur élevait l'échafaud à la hauteur d'une insti-
tution que l'Europe n'envia jamais à la France, on
s'occupait beaucoup plus de sauver sa tête que de faire
relier ses livres en maroquin avec dorures à petits
fers. L'éclipse subie par l'art n'est guère moins com-
plète sous le Directoire, terrain vague où vont à
l'aventure les idées et les hommes, qui n'est plus l'ancienne société et n'est pas encore la nouvelle.

Soyons juste cependant : la Révolution a inventé
quelque chose en fait de reliure, elle a inventé le cartonnage. Ce procédé nouveau venait à son heure :
c'était laid, très laid, c'était commun et vulgaire, ce
fut jugé démocratique et vraiment républicain. Les
immortels principes étant saufs grâce au cartonnage
à la Bradel, comme on l'appela du nom du relieur
qui le mit en vogue, les Danton, les Saint-Just et les
Robespierre purent donner une couverture à leurs

livres sans pactiser avec l'infâme réaction et sans
trahir la simplicité antique que ces sinistres farceurs
prétendaient renouveler de Lycurgue et de Lacédé-
mone.

Quant au Premier Empire, on connaît l'affreux style
auquel il a donné son nom : ces attributs prodigués
dans l'ornementation à tout propos et surtout hors de
propos, ce pastiche inintelligent et lourd de l'antiquité
romaine et l'on peut se rendre compte de ce qu'est la
reliure de cette époque dans les mains de BRADEL et
de BOZÉRIAN, les inhabiles successeurs des Derome.
Et puis, le temps n'était pas aux recherches paisibles
ni aux goûts artistiques et intellectuels ; les amateurs
étaient rares et eussent fait une étrange figure alors
que la France, grisée de victoires, marchait à la con-
quête du monde et que, tout enfant, comme l'a dit un
poète, on avait pour jouet la dragonne d'un sabre.

La période comprise entre les années 1815 et
1840 est, au point de vue de l'art décoratif, le règne
du mauvais goût dans toute sa gloire. Il est dû surtout à un prétendu éclectisme qui n'est, en réalité,
que la confusion préméditée des styles et le mélange
intentionnel des genres. Sous prétexte que l'artiste a
le droit de prendre son bien partout où il le trouve,
on fit alors entrer dans la composition d'un sujet, des
motifs empruntés aux maîtres de toutes les époques.
Les éléments les plus gracieux ainsi réunis n'ont naturellement produit que des œuvres sans cohésion et
sans harmonie. Telle est la cause du discrédit où sont

tombés les ouvrages de décoration exécutés à cette époque. L'art de la reliure ne pouvait échapper à ce mouvement général. L'ornementation qu'elle emploie alors est lourde et prétentieuse; le maroquin à grain long qui remplace, dans cette période, les beaux maroquins à grain arrondi précédemment en usage, ne se prête pas aux délicatesses de la dorure. En même temps, le corps d'ouvrage est lâche, la couture peu soignée, enfin le dos plat que la fin du dernier siècle avait légué au commencement du nôtre, donne de la roideur au volume et le rend lourd et épais. SIMIER et THOUVENIN, les relieurs en vogue de cette époque, demandent vainement aux anciens des modèles qu'ils sont impuissants à imiter. Et cependant, le bon Charles Nodier proclamait Thouvenin le phénix des relieurs et montrait avec orgueil les reliures *à la fanfare* [1] qu'il tenait de lui. Que les temps sont changés! Aujourd'hui ces ouvrages si vantés ne font plus battre le cœur d'aucun bibliophile, et les plus difficiles n'hésitent pas à faire casser ces ouvrages qui ont été la joie des amateurs de 1830 pour en confier de nouveau l'exécution à quelqu'un des maîtres relieurs de notre temps.

[1] Les reliures *à la fanfare* sont tout simplement une imitation des dorures à compartiments, volutes, feuillages et fleurons mises en vogue par les Ève à la fin du XVIᵐᵉ siècle (voy. Pl. IX). Ce nom assez étrange provient de ce que l'un des premiers essais de ce genre fut exécuté par Thouvenin pour Charles Nodier sur un exemplaire du livre fort rare intitulé : *Les Fanfares et Courvées abbadesques*. Chambéry, 1613, in-8.

Une honorable exception doit être faite cependant en faveur de PURGOLD, l'un des contemporains de Simier et de Thouvenin. Il recommença à donner plus de soin au corps d'ouvrage et les volumes sortis de ses mains offrent plus de solidité et de fini dans l'exécution que ceux de son temps.

Mais il était réservé à BAUZONNET son successeur, d'accomplir la rénovation de l'art de la reliure et de le faire rentrer dans ses véritables traditions. Le premier dans ce siècle, il comprit les mérites qui avaient distingué ses devanciers et s'efforça de renouer la chaîne interrompue depuis Derome. Le progrès ne s'opéra pas d'un seul coup, mais Bauzonnet ne s'arrêta pas dans la voie qu'il s'était tracée et le succès finit par couronner ses persévérants efforts, aussi recherche-t-on encore aujourd'hui, avec raison, les productions de cet excellent artiste.

Il convient, d'ailleurs, dans cette renaissance de la reliure, de faire une part considérable aux amateurs eux-mêmes. Avec la monarchie de Juillet et l'ère de prospérité inaugurée par ce régime, les goûts qui exigent des loisirs tranquilles et de la fortune avaient reparu. Toute une génération de collectionneurs surgit alors; parmi eux plusieurs devaient être dignes des grands collectionneurs d'autrefois, et, en peu d'années, les diverses branches de la curiosité sont envahies et explorées par les chercheurs, les uns, désireux de faire un usage intelligent de la fortune qu'ils avaient acquise, les autres, dégoûtés des luttes politiques ou

écartés des affaires publiques par leurs opinions et
leur attachement à un régime disparu sans retour,
mais tous épris du passé et heureux de revivre par
les souvenirs matériels, dans une époque à leurs yeux
plus sympathique et plus intéressante que la leur.
Cette tournure d'esprit devait puissamment contri-
buer au réveil du sentiment artistique en France. Il
est aisé de comprendre, en effet, que le goût des
amateurs, devenu promptement délicat et difficile par
la vue et la comparaison constantes des chefs-
d'œuvre des maîtres anciens, ait fortement réagi sur
les artistes contemporains et contribué dans une large
mesure à la rénovation que nous venons de signaler.

Pour en revenir à Bauzonnet dont le nom restera
lié à ce relèvement, son plus grand titre de gloire est
cependant, aux yeux de bien des bibliophiles, d'avoir
été l'initiateur du célèbre TRAUTZ qu'il associa à ses
travaux en 1830 et qui lui succéda en 1847.

Trautz est le maître incomparable de la reliure
moderne. Doué de facultés naturelles hors ligne, il a
su, par une étude attentive des anciens relieurs, leur
dérober le secret de leur supériorité et allier l'admirable corps d'ouvrage des maîtres de la fin du XVIIme
siècle à la perfection de dorure qui était demeurée
jusqu'alors l'apanage de Le Gascon. Par lui-même,
Trautz a peu inventé, il s'est borné à suivre intelli-
gemment les plus beaux modèles des siècles précé-
dents, mais quels chefs-d'œuvre que ces restaurations
merveilleuses ! D'une modestie aussi grande que son

talent, il ne fallut rien moins que l'intervention,
toute puissante dans le monde des bibliophiles, du
baron James de Rothschild, pour attirer sur lui l'at-
tention et lui donner la place à laquelle il avait droit.
Dès lors, sa renommée ne fit que s'accroître et sa
mort, arrivée il y a six ans, a porté à des prix de
haute fantaisie les moindres de ses ouvrages.

Cette admiration, toute méritée qu'elle est, nous
semble même, en ce moment, tourner quelque peu au
fanatisme et à l'exclusion. Elle n'a pas été surtout,
pendant un temps au moins, sans quelque injustice
pour LORTIC, le grand rival de Trautz. Lortic, malgré un penchant trop marqué à prodiguer les dorures,
mérite une mention des plus honorables à côté de lui,
d'autant plus qu'il l'emporte sans conteste par des qualités d'invention et d'originalité qui ne furent jamais
très développées chez Trautz. Dans les dernières années de sa vie, celui-ci était devenu une espèce de
fétiche auprès duquel se rendaient en procession les
bibliophiles les plus haut cotés. Il n'est pas de cajo-
leries dont il ne fût l'objet de leur part, et plusieurs
auraient fait des bassesses pour obtenir une reliure
de lui. En tout cas, il savait mettre le prix à ses fa-
veurs : cent francs pour le plus simple des maroquins
et deux ou trois mille pour la dorure avec mosaïque
d'un volume grand comme la main. C'était à prendre
ou à laisser et l'on prenait en remerciant de la bonté
grande.

Du reste, il y a bien de la mode dans ces engouements pour tel relieur que l'on porte tout à coup au pinacle, quitte à le négliger ensuite pour un nouveau venu, plus habile seulement à manier la réclame. Durant une vingtaine d'années, vers 1840, CAPÉ fut le grand maître de la reliure française, Bauzonnet ne venait qu'après, à une assez longue distance. La gloire de Capé est maintenant en décadence et malgré les excellentes qualités de ses ouvrages, on ne se les dispute plus guère. Bauzonnet a repris la corde, soutenu par le nom de Trautz. NIEDRÉE a eu son heure, BELZ également, ainsi que HARDY. L'habile et consciencieux DURU est passé de mode, sans être expulsé cependant des bibliothèques d'élite.

Aujourd'hui, toute une génération de relieurs de premier ordre, élevée à l'école de Trautz et de Lortic, les THIBARON, les CUZIN, les CHAMBOLLE-DURU, les ALLÔ, les DAVID, et comme doreurs les WAMPFLUG, les MAILLART, les MARIUS-MICHEL, se partagent la faveur ainsi que la bourse des bibliophiles. Dans les mains de ces favoris du jour, la reliure est parvenue à une hauteur qu'elle n'avait jamais atteinte jusqu'ici et qui est la perfection même [1].

Oui, il y a, on peut en rire si l'on veut, des écoles

---

[1] Il serait injuste de ne pas citer ici le nom de Clæssens, habile relieur de Bruxelles et, puisque nous écrivons à Genève, celui de deux consciencieux artistes établis dans cette ville, MM. Asper frères qui, par des efforts incessants, sont parvenus à produire des volumes capables de soutenir la comparaison avec les ouvrages des meilleurs ateliers de Paris. M. H. Asper en particulier est un doreur du plus grand mérite.

dans l'art de la reliure et voici le piquant tableau qu'en trace M. Louis Derome dans son volume sur *Le Luxe des livres ;* on nous saura gré de le reproduire ici :

« Les maîtres qui ont acquis de la réputation ont
« un atelier qui a sa renommée au même titre que
« les ateliers de peinture. Ils font des élèves, ont une
« manière, des secrets professionnels ; leur signature
« se paye, ils la mettent aux œuvres sorties de
« leurs mains, et quand ils négligent de le faire,
« leurs clients l'exigent ; ils se jalousent, ont des
« hauts et des bas, un nom qui se crée lentement
« comme celui des peintres, des sculpteurs, des archi-
« tectes.

« Grâce à l'autorité dont ils jouissent, les maîtres
« en vogue sont très chers, sinon inabordables. On se
« dispute à leur porte, et l'on doit attendre son tour
« quelquefois plusieurs années, ce qui est un long
« temps. Faire attendre le client, un an au moins,
« est devenu un titre à la réputation. Les habiles n'ont
« garde de négliger ce nouveau moyen de parvenir,
« il est vrai qu'ils tâchent de justifier la vogue qu'ils
« ont conquise par l'excellence de leurs produits. Les
« princes leur écrivent des lettres armoriées aux-
« quelles ils répondent en rechignant et ce n'est point
« un titre à passer avant les autres. — Il en coûte
« désormais aussi cher pour habiller un livre que
» pour vêtir un homme à la mode. »

Et maintenant, demanderez-vous peut-être, quel

jugement convient-il de porter sur l'art de la reliure à notre époque ?

Une habileté de main sans pareille, un goût sûr, un sentiment très fin et une connaissance approfondie des différents styles, ce sont là des qualités de premier ordre et ce sont celles de l'école contemporaine de reliure.

Ce qui lui manque, c'est l'accent personnel, le cachet original. Mais n'est-ce pas la caractéristique même de notre époque que cette absence de manière propre, de style particulier ? Et cet éclectisme raffiné, cette science de la technique, cette facilité à reproduire avec une égale perfection tous les genres sans parvenir à dégager un type personnel et nouveau, n'est-ce pas là l'histoire des arts plastiques et surtout des arts décoratifs de notre temps ?

Parvenus au terme de cette revue de l'histoire de la reliure, il nous reste à tenter une courte synthèse des faits que nous avons recueillis et à chercher quels principes doivent nous guider dans le choix des ouvrages que nous pouvons avoir à faire exécuter pour nous-mêmes.

Tout d'abord, il n'est pas besoin d'insister sur la convenance de n'user qu'avec sobriété de l'ornementation et de la dorure. Comme l'a dit Charles Blanc, « les principes de l'art décoratif trouvent leur application dans la reliure. Là comme ailleurs, la chose ornée ne doit pas l'être partout, l'élégance est l'ennemie de la surcharge et l'opulence même a besoin d'une certaine mesure, de certains repos. »

Ce n'est pas qu'il faille s'interdire absolument de
faire habiller avec luxe les livres particulièrement
précieux, mais nous sommes persuadé par expé-
rience que l'on reviendra toujours aux reliures les
plus sobrement ornées, pourvu que l'exécution en soit
irréprochable, plutôt qu'à celles où les dorures écla-
teront de toute part : espèces de châsses qu'il est
permis de voir mais non de toucher.

Le trait que nous avons essayé de mettre particulièrement en relief, est la fidélité avec laquelle la
décoration des reliures reproduit le style de chaque
époque. Il en résulte, nous semble-t-il, comme règle
absolue, que l'ornementation choisie, *s'il s'agit d'un
ouvrage en ancienne édition relié à nouveau, doit être
celle d'une reliure contemporaine de l'impression du
livre.*

Habiller, par exemple, d'une mosaïque XVIIIme
siècle, genre Derome ou Padeloup, quelque ancienne
édition du *Roman de la Rose*, des œuvres de Villon,
des poésies de Marot, offrant dans leur texte les es-
tampes caractéristiques et naïves du XVme siècle ou les
vignettes, fleurons et lettres grises du XVIme, serait
une véritable hérésie en matière de reliure comme
au point de vue de l'art en général. On se récrierait
devant un salon décoré dans le style Louis XV et meu-
blé de crédences et de siéges Henri II, ou encore devant
un meuble du XVIme siècle orné de peintures de Bou-
cher ou de Watteau. L'anachronisme serait choquant
sans doute ; il ne l'est pas moins en ce qui concerne

la reliure, ce qui ne l'empêche pas de se commettre
tous les jours. Il a même été le fait de plusieurs des
maîtres de la reliure moderne, si remarquables d'ailleurs par des qualités d'exécution jusqu'alors incon-
nues, mais fanatiques mal à propos du style d'une
seule époque ou d'un seul artiste. Tel ne jurait que
par les mille points de Le Gascon, tel autre par les
compartiments à la Du Seuil ou les dentelles de Derome, tant et si bien que l'on voit, grâce à leurs ouvrages, Rabelais et les joyeux conteurs du XVIme siècle affublés de la vaste rhingrave et de la noble per-
ruque de Louis XIV, ou encore les héros des vieux
romans de chevalerie se prélasser dans la jupe à
fleurs des bergères de Watteau.

Ce parti-pris n'a eu d'autre résultat que de contri-
buer, pour sa large part, à empêcher la création d'un
style propre au XIXme siècle et il a fallu toute l'autorité d'amateurs éclairés pour réagir avec succès, depuis quelques années, contre cette erreur de bon sens
et ces engouements irréfléchis.

Il est moins aisé de donner des indications précises
lorsqu'il s'agit de recouvrir un volume de réimpression
moderne. Dans ce cas, la reliure choisie doit être, en
général, appropriée *au style de l'époque où vivait l'auteur du livre*, mais c'est une règle susceptible d'excep-
tions nombreuses et que l'on ne peut ni ne doit suivre
d'une manière absolue. Il serait, par exemple, assez
difficile de faire relier dans le goût du temps, un Ho-
mère ou un Virgile et nous ne conseillerions à per-

sonne de risquer sur un Villehardoin ou un Joinville une de ces couvertures moyen âge, toute bardée de métal et renforcée de clous de même. Enfin, il serait ridicule de vouloir, dans un esprit de purisme exagéré, faire habiller Châteaubriand en style Empire et donner à Lamartine ou à Musset une de ces reliures romantiques dont nous avons signalé le mauvais goût et l'absence de caractère.

Le mieux est donc, en pareil cas, d'adopter une ornementation du même style que celui de *la partie typographique du livre auquel la reliure est destinée, ou bien de se décider pour une décoration franchement originale,* et c'est là surtout qu'il importe d'éviter les mélanges condamnables aussi bien que la surcharge et la banalité dans la composition des motifs.

Ce système est également le meilleur à suivre pour les ouvrages de littérature contemporaine. Ce sont généralement les filets en or ou à froid qui donnent les résultats les plus satisfaisants; on peut en varier les dispositions à l'infini et l'on obtiendra toujours, si l'on sait en tirer parti, une œuvre originale et marquée au bon coin.

Mais il ne suffit pas seulement de respecter le style de chaque époque, il faut encore tenir compte du caractère de l'ouvrage et de celui de son auteur : aux poètes, aux conteurs, aux romanciers, les séductions et les richesses de la dorure ; aux théologiens, aux moralistes, aux historiens, les reliures sobres ou même austères qui conviennent à leurs œuvres.

14

On peut même pousser plus loin, croyons-nous, la préoccupation de l'harmonie à établir entre le livre lui-même et sa parure extérieure. N'existe-t-il pas, en effet, un rapport subtil et délicat entre les couleurs et le style de chaque écrivain ? Il y a, n'est-il pas vrai, une gamme du style, comme il y en a une des sons et une des couleurs, et toutes trois ont entre elles des harmonies cachées mais certaines.

Cela étant, ne sentez-vous pas que le même maroquin ne saurait convenir au grand Corneille par exemple, et au tendre Racine. Au créateur du *Cid*, à son vers héroïque, éclatant comme un appel de trompettes, tout frémissant du bruit des armes, des hautes pensées, des grandes ambitions, il faut le rouge, couleur royale, superbe, sonore et vibrante comme un coup de clairon. Au peintre incomparable des passions et des faiblesses du cœur, au chantre des larmes d'Andromaque et d'Iphigénie, doivent être réservés des tons moins éclatants, harmonieux et fondus comme une symphonie d'instruments à cordes.

Nous revêtirons d'un brun mordant le livre impitoyable de l'auteur des *Maximes*, nous sauverons par les gaîtés et la franchise d'un maroquin orange ou citron les grivoiseries de La Fontaine ou le sottisier de Voltaire, enfin les teintes les plus foncées, relevées tout au plus d'un filet d'or, pourront seules convenir aux oraisons funèbres de Bossuet ou aux sermons de Bourdaloue.

Nous n'avons garde, du reste, d'oublier que tout le

monde n'est pas disposé à recouvrir ses livres de
maroquin et à les faire dorer à petits fers, d'autant
que le plus grand nombre ne mérite pas un tel luxe.
Nous croyons cependant que même dans les reliures
les plus simples, on peut faire preuve de goût et leur
imprimer un cachet personnel et original.

Voici, par exemple, la reliure dite d'amateur : dos
de maroquin, de veau ou de chagrin avec coins de
même. Elle est caractéristique de notre époque qui a
le mérite de l'avoir mise en honneur et sa vogue, jus-
tifiée par son cachet de simplicité élégante, n'est pas
près de prendre fin. Il est de règle de ne dorer que
la tête du volume afin de la préserver de la poussière
et de laisser intactes les autres marges. Outre cet
avantage, la reliure d'amateur a encore celui de per-
mettre de conserver la couverture du livre parce
qu'elle offre souvent des particularités bibliographi-
ques, des détails d'impression et surtout des vignettes ou des dessins absents du titre même. Le dos
peut être uni ou à nervures, mais il ne doit être, en
général, que sobrement orné. Une pièce de couleur
pour le titre servira à le mettre en relief et fera toujours bon effet si l'on a soin de se rappeler qu'elle
doit être plus foncée que le dos lui-même.

Quant à la couverture des plats, on trouve actuellement des papiers dits *à escargots* à large dessin et
teintes claires d'un bel effet et d'une originalité de
bon aloi. Ils auront, en particulier, le mérite de sortir
de la banalité de ces éternels papiers marbrés que

l'on nous sert depuis trop longtemps à jet continu et qui se voient partout, sur les registres de commerce comme sur les cahiers d'école.

On peut en dire autant des reliures plus simples encore mais auxquelles un peu de savoir-faire suffira pour donner un cachet intéressant et personnel. Choisissez, par exemple, une de ces percalines lisses et de nuance claire que l'on fabrique maintenant à la perfection pour le dos des livres, joignez-y un de ces papiers dont nous parlions tout à l'heure, inscrivez le titre sur une pièce rouge ou bleue que vous ferez placer un peu haut, et vous aurez un ensemble qui vous satisfera certainement davantage que ces couvertures à dos de basane ou de toile, dont la reliure à bon marché est actuellement si prodigue.

Ces quelques remarques terminent notre travail. Non pas qu'il n'y eût encore beaucoup à dire, mais nous avons dû lasser déjà bien souvent la patience de nos lecteurs et il est temps de finir. Nous nous estimerons heureux cependant si l'esquisse que nous leur avons présentée peut décider quelques-uns d'entre eux à étudier de plus près l'une des branches les plus intéressantes de l'art décoratif, contribuant ainsi à en répandre le goût et à l'amener à une perfection plus grande. Ce sera pour leur plus grand plaisir, nous pouvons le leur affirmer d'avance, et pour le plus grand bien de l'art de la reliure.

TABLE DES PLANCHES

PLANCHE VI.

Reliure lyonnaise du XVIᵐᵉ siècle (vers 1540) aux armes du cardinal de Tournon, en maroquin rouge avec entrelacs et fleurons de mosaïque en noir relevés de filets d'or.

PLANCHE VII.

Reliure française aux armes du Président Jac.-Aug. de Thou.

PLANCHE VIII.

Reliure française aux armes de France et au chiffre de Henri II et de Diane de Poitiers. Mosaïque en noir, bleu foncé et citron sur fond brun, avec filets et fleurons en or et argent.

PLANCHE IX.

Reliure de Clovis Ève pour Marguerite de Valois, première femme de Henri IV. (Fin du XVIᵐᵉ siècle.) Sur le dos du volume se voient les armes de France, sur les plats deux marguerites. Compartiments de filets, garnis de feuillages, volutes et fleurons dorés à petits fers.

PLANCHE X.

Reliure au pointillé de Le Gascon (vers 1630).

PLANCHE XI.

Reliure de Le Gascon aux chiffres de Louis XIII et d'Anne d'Autriche.

PLANCHE XII.

Reliure de Derome avec large dentelle à petits fers aux armes de la marquise de Pompadour.

www.ingramcontent.com/pod-product-compliance
Lightning Source LLC
Chambersburg PA
CBHW050542210326
41520CB00012B/2682